四川省工程建设地方标准

四川省建筑地基基础检测技术规程

Technical code for testing of foundation soil and building foundation in sichuan

DBJ51/T014－2013

主编单位： 四川省建设工程质量安全监督总站
四川省建筑工程质量检测中心
批准部门： 四川省住房和城乡建设厅
施行日期： 2013 年 10 月 1 日

西南交通大学出版社

2013 成都

图书在版编目（ＣＩＰ）数据

四川省建筑地基基础检测技术规程／四川省建设工程质量安全监督总站，四川省建筑工程质量检测中心主编. 一成都：西南交通大学出版社，2013.9（2019.9重印）
ISBN 978-7-5643-2529-9

Ⅰ．①四… Ⅱ．①四… ②四… Ⅲ．①地基－基础（工程）－检测－技术规范 Ⅳ．①TU47-65

中国版本图书馆 CIP 数据核字（2013）第 187106 号

四川省建筑地基基础检测技术规程

主编　四川省建设工程质量安全监督总站
　　　四川省建筑工程质量检测中心

责 任 编 辑	杨　勇
助 理 编 辑	姜锡伟
封 面 设 计	原谋书装
出 版 发 行	西南交通大学出版社
	（四川省成都市金牛区交大路 146 号）
发 行 部 电 话	028-87600564　028-87600533
邮 政 编 码	610031
网　　　　址	http://www.xnjdcbs.com
印　　　　刷	成都蜀通印务有限责任公司
成 品 尺 寸	140 mm × 203 mm
印　　　　张	2.25
字　　　　数	57 千字
版　　　　次	2013 年 9 月第 1 版
印　　　　次	2019 年 9 月第 6 次
书　　　　号	ISBN 978-7-5643-2529-9
定　　　　价	19.00 元

关于发布四川省工程建设地方标准
《四川省建筑地基基础检测技术规程》的通知

川建标发〔2013〕266号

各市州及扩权试点县住房城乡建设行政主管部门，各有关单位：

由四川省建设工程质量安全监督总站、四川省建筑工程质量检测中心主编的《四川省建筑地基基础检测技术规程》，已经我厅组织专家审查通过，现批准为四川省推荐性工程建设地方标准，编号为：DBJ51/T014-2013，自2013年10月1日起在全省实施。

该标准由四川省住房和城乡建设厅负责管理，四川省建设工程质量安全监督总站负责技术内容解释。

四川省住房和城乡建设厅
2013年5月22日

前　言

根据四川省住房和城乡建设厅川建标发〔2012〕346号文的要求，以四川省建设工程质量安全监督总站和四川省建筑工程质量检测中心为主编单位，由省、市相关检测单位、大学、研究院及设计院等单位组成编制组，共同编制了《四川省建筑地基基础检测技术规程》。在编制过程中，编制组总结了近几年来四川省建筑工程地基基础检测的实践经验和科研成果，在广泛征求意见的基础上，制定完成了本规程。

本规程共有7个章节9个附录，主要内容包括：1总则；2术语和符号；3基本规定；4处理地基检测；5基桩检测；6基坑（边坡）工程检测；7检测结果评价。

本规程是根据国家有关规范、标准，并考虑四川工程地质特点，在总结我省已有经验的基础上编制而成的；在本规程中未作规定的其他内容，尚应按现行有关规范、标准执行。

本规程由四川省住房和城乡建设厅负责管理，四川省建设工程质量安全监督总站负责技术内容解释。

为充实和提高本检测规程的质量，请各工程责任主体单位在执行本规程的过程中，注意积累资料和总结经验，并及时将意见和建议反馈给四川省建设工程质量安全监督总站（地址：成都市高升桥南街11号；邮编：610041）和四川省建筑工程质量检测中心（地址：成都市一环路北三段55号；邮编：610081），以供今后修订时参考使用。

主 编 单 位：四川省建设工程质量安全监督总站
　　　　　　四川省建筑工程质量检测中心
参 编 单 位：中国建筑西南勘察设计研究院有限公司
　　　　　　四川中节能工程检测中心有限公司
　　　　　　四川省鑫川建筑工程检测有限公司
　　　　　　四川省建业工程质量检测有限公司
　　　　　　西南交通大学
　　　　　　成都市建工科学研究设计院
　　　　　　核工业西南勘察设计院有限公司
　　　　　　绵阳市应用物理岩土工程研究所
本规程主要起草人：王德华　肖　军　范燕红　王洪发
　　　　　　　　　林　东　徐华林　任　鹏　魏　红
　　　　　　　　　邓荣贵　于秉坤　吴　胜　邓正宇
　　　　　　　　　代爱国　张家国　周　勇　刘　辉
本规程主要审查人：康景文　张仕忠　陈正祥　汪定嫡
　　　　　　　　　杨先平　李元青　刘进波

目 次

1 总 则

1.0.1 为提高四川省建筑工程地基基础检测水平，统一建筑地基基础检测方法，确保检测质量，做到安全适用、数据准确、技术先进、经济合理、环境保护，结合四川省实际情况，制定本规程。

1.0.2 本规程适用于四川省建筑工程地基基础的检测与评价。

1.0.3 本规程未涉及的检测项目按国家现行相关标准执行。

1.0.4 四川省建筑工程地基基础的检测除应执行本规程外，尚应符合国家现行有关强制性标准的规定。

2 术语和符号

2.1 术 语

2.1.1 地基 ground，foundation soils
支承基础的土体或岩体。

2.1.2 天然地基 natural foundation，natural subgrade
在天然岩土层上直接修筑基础的地基。

2.1.3 处理地基 the foundation of treatment soils
为提高地基的承载力，通过人工方法改善其变形性质或渗透性质后的地基。

2.1.4 复合地基 composite ground，composite foundation
部分土体被增强或被置换形成增强体，由增强体和周围地基土共同承担荷载的地基。

2.1.5 基桩 foundation pile
桩基础中的单桩。

2.1.6 锚杆（索） anchor bar（rope）
由杆体、注浆固结体、锚具、套管所组成的一端与支护结构构件连接，另一端锚固在稳定岩土体内的受拉构件。

2.1.7 支护锚杆（索） retaining anchor（rope）
将支护结构所承受的侧向荷载，通过锚杆（索）的拉结作用传递到周围的稳定岩土层中去的杆（索）件。

2.1.8 土层锚杆（索） soil anchor（rope）
锚固段置于土层中的锚杆。

2.1.9 岩石锚杆（索） rock anchor（rope）
锚固段置于岩石内的锚杆（索）。

2.1.10 土钉 soil nail

植入土中并注浆形成的承受拉力与剪力的杆件。

2.1.11 静载荷试验 static load test

对结构或构件逐级施加静态荷载,观测其相对变形的试验方法;相对变形是竖向沉降、桩顶上拔量、锚头位移和水平位移等的统称。

2.1.12 标准贯入试验 standard penetration test（SPT）

用质量为 63.5 kg 的穿心锤,以 76 cm 的落距,将标准规格的贯入器,自钻孔底部预打 15 cm,记录再打入 30 cm 的锤击数,以判定土的力学特性的一种原位试验方法。

2.1.13 圆锥动力触探试验 dynamic penetration test（DPT）

用一定质量的重锤,以一定高度的自由落距,将标准规格的圆锥形探头贯入土中,根据打入土中一定距离所需的锤击数,判定土的力学特性的一种原位试验方法。

2.1.14 静力触探试验 cone penetration test（CPT）

通过静力将标准圆锥形探头匀速压入土中,测定触探头的贯入阻力,判定土的力学特性的一种原位试验方法。

2.1.15 岩基载荷试验 rock foundation loading test

在岩石地基的表面逐级施加竖向压力,测量岩石地基的表面随时间产生的沉降,以确定岩石地基的竖向抗压承载力的试验方法。

2.1.16 平板载荷试验 plate loading test

在地基的表面逐级施加竖向压力,测量地基的表面随时间产生的沉降,以确定地基的竖向抗压承载力的试验方法。

2.1.17 低应变法 low strain integrity testing

采用低能量瞬态激振方式在桩顶激振,实测桩顶部的速度时程曲线,通过波动理论分析或频域分析,对桩身完整性进行判定的检测方法。

2.1.18 高应变法 high strain dynamic testing

用重锤冲击桩顶，实测基桩上部的速度和力时程曲线，通过波动理论分析，对单桩竖向抗压承载力和桩身完整性进行判定的检测方法。

2.1.19 声波透射法 cross hole sonic logging

在预埋声测管之间发射并接收声波，通过实测声波在混凝土介质中传播的声时、频率和波幅衰减等声学参数的相对变化，对桩身完整性进行判定的检测方法。

2.1.20 钻芯法 core drilling method

采用单动双管钻具钻取桩身混凝土和桩底岩土芯样以检测桩长、桩身缺陷及其位置、桩底沉渣厚度以及桩身混凝土的强度、密实性和连续性，判定或鉴别桩底持力层岩土性状、判定桩身完整性类别的检测方法。

2.1.21 单桩静载荷试验 static loading test

在桩顶部逐级施加竖向压力、竖向上拔力或水平推力，观测桩顶部随时间产生的沉降、上拔位移或水平位移，以确定相应的单桩竖向抗压承载力、单桩竖向抗拔承载力和单桩水平承载力的试验方法。

2.1.22 单桩承载力 pile bearing capacity

桩基础中单桩在不同使用状态下所能承受的荷载。

2.1.23 桩身完整性 pile integrity

反映桩身截面尺寸相对变化、桩身材料密实性和连续性的综合定性指标。

2.1.24 桩身缺陷 pile defects

在一定程度上引起桩身结构强度和耐久性降低的桩身断裂、裂缝、缩颈、夹泥（杂物）、空洞、蜂窝、松散等现象的统称。

2.2 符 号

2.2.1 抗力和材料性能

4

R_a——单桩竖向抗压承载力特征值；

f_{ak}——地基土的承载力特征值；

f_{rm}——岩石饱和单轴抗压强度平均值；

f_{rk}——岩石饱和单轴抗压强度标准值；

f_{spk}——复合地基的承载力特征值；

E_0——土的变形模量；

E_s——土的压缩模量；

N_k——锚杆（索）轴向拉力标准值；

T_u——土钉轴向受拉承载力设计值；

Q_u——单桩竖向抗压极限承载力；

q_{pk}——桩端土极限承载力标准值；

q_{pa}——桩端土承载力特征值。

2.2.2 触探及标准贯入试验指标

N_{10}——轻型圆锥动力触探锤击数；

$N_{63.5}$——重型圆锥动力触探锤击数；

N_{120}——超重型圆锥动力触探锤击数；

N——标准贯入试验锤击数；

P_s——静力触探比贯入阻力。

2.2.3 作用与作用效应

N_{max}——锚杆的最大试验荷载；

p——平板载荷试验中施加于承压板表面单位面积上的竖向抗压荷载；

Q——施加于单桩的竖向抗压荷载或施加于锚杆的轴向抗拉荷载；

s——沉降量；

S_e——锚杆（索）弹性位移；

D_e——锚杆（索）塑性位移；

δ——单桩竖向抗拔静载荷试验中的桩顶上拔量或变异系数。

2.2.4 几何参数

b——矩形桩的边宽，矩形基础或条形基础底边的宽度，承压板直径或边宽；

b'——垫层底面宽度；

z——基础底面下垫层的厚度；

θ——垫层的压力扩散角；

B——支墩（座）宽度；

d——桩身直径（管桩外径），锚杆孔径，芯样试件的平均直径；

L——桩长。

2.2.5 计算系数

σ——岩石饱和抗压强度的标准差；

ψ——统计修正系数；

ψ_f——折减系数。

3 基本规定

3.1 一般规定

3.1.1 本规程中的抽样数量均按单体工程计算。

3.1.2 在进行地基基础质量检测前,检测机构应完成下列工作:

    1 收集受检工程场地的岩土工程勘察资料及地基基础设计资料等;

    2 了解地基基础的施工过程,收集地基基础的施工、过程控制等记录及资料;

    3 核实或明确委托工作的检测目的和具体要求。

3.1.3 检测点位的布置应遵循下列原则:

    1 宜在整个施工场地内均匀布置;

    2 当受检工程场地地质条件变化较大时,应在地质条件较差的地段布置;

    3 应在地基基础的施工质量存在异议的部位布置;

    4 应在基础承受荷载较大或上部结构对变形敏感的部位布置;

    5 检测点宜由勘察、设计、监理、施工、检测、建筑单位共同商定。

3.1.4 检测机构应根据检测目的和具体要求编制检测方案。

3.1.5 检测使用的计量器具必须经计量检定合格并在检定有效期内。

3.1.6 现场检测时,必须采取安全、环保措施。

3.1.7 检测报告应包括下列内容:

    1 工程名称、工程地点、检测日期和检测目的;

    2 建筑、勘察、设计、施工和监理单位名称;

3 检测机构名称、检测人员、项目负责人、报告审核人和批准人；

4 工程概况及场地地质条件概况；

5 依据标准与检测方法；

6 所用仪器设备的型号及编号；

7 检测数据、实测与分析曲线以及汇总表等；

8 检测点位的选取依据及平面位置图；

9 检测结果、结论及建议。

3.2 静力触探试验

3.2.1 静力触探试验适用于软土、一般粘性土、粉土、砂土和含少量碎石的土。

3.2.2 对经过地基处理的地基进行静力触探试验，检测深度应超过地基处理深度。

3.2.3 静力触探试验的技术要求应符合下列规定：

1 探头圆锥锥底截面面积应采用 $10\ cm^2$ 或 $15\ cm^2$，单桥探头侧壁高度应采用 $57\ mm$ 或 $70\ mm$，双桥探头侧壁面积应采用 $150\ cm^2 \sim 300\ cm^2$，锥尖锥角应为 $60°$。

2 探杆上应有明确的长度标识。

3 探头应匀速垂直压入土中，贯入速率为 $1.2\ m/min$。

4 量测读数时，除自动记录仪外，均应每 $10\ cm$ 记录一次。

3.2.4 根据静力触探比贯入阻力 P_s 评定地基土承载力特征值和压缩模量时，可按附录 A 执行。

3.3 标准贯入试验

3.3.1 标准贯入试验适用于砂土、粉土和一般粘性土。

3.3.2 标准贯入试验的设备应符合表 3.3.2 的规定。

表 3.3.2 标准贯入试验设备规格

落锤		锤的质量（kg）	63.5
		落距（cm）	76
贯入器	对开管	长度（mm）	>500
		外径（mm）	51
		内径（mm）	35
	管靴	长度（mm）	51~76
		刃口角度（°）	18~20
		刃口单刃厚度（mm）	2.5
钻杆		直径（mm）	42
		相对弯曲	<1/1 000

3.3.3 标准贯入试验应符合下列规定：

1 采用自动落锤装置。

2 保持贯入器、探杆、导向杆连接后的垂直度，锤击速率应小于 30 击/min。

3 标准贯入试验孔采用回转钻进，并保持孔内水位略高于地下水位；当孔壁不稳定时，可用泥浆护壁，钻至试验标高以上 15 cm 处，清除孔底残土后再进行试验。

4 贯入器打入土中 15 cm 后，开始记录每打入 10 cm 的锤击数；累计打入 30 cm 的锤击数为标准贯入试验锤击数。

3.4 动力触探试验

3.4.1 动力触探试验可用于评定灌（注）浆地基（含桩端灌（注）浆）、砂卵石换填地基、振冲地基等处理地基及以卵石层为桩端持力层的人工挖孔桩桩端土的密实程度和均匀性。

3.4.2 动力触探类型应根据地基土类别按表 3.4.2 选用。

表 3.4.2 动力触探类型

类型		轻型	重型	超重型
落锤	锤的质量（kg）	10	63.5	120
	落距（cm）	50	76	100
探头	直径（mm）	40	74	74
	锥角（°）	60	60	60
探杆直径（mm）		25	42	50～60
指标		贯入 30 cm 的击数 N_{10}	贯入 10 cm 的击数 $N_{63.5}$	贯入 10 cm 的击数 N_{120}
主要适用土层		砂土、粉土、粘性土	砂土、圆砾、卵石	卵石

3.4.3 对经过地基处理的地基进行动力触探试验，测试深度应超过地基处理深度。

3.4.4 动力触探试验应符合下列规定：

　　1 采用自动落锤装置。

　　2 触探杆最大偏斜度不应超过 2%，锤击贯入应连续进行，锤击速率每分钟宜为 15 击～30 击；应防止锤击偏心、探杆倾斜和侧向晃动，保持探杆垂直度。

　　3 每贯入 1 m 深度，宜将探杆转动一圈半；当贯入深度超过 10 m 时，每贯入 20 cm 宜转动探杆一次。

　　4 对轻型动力触探，当 N_{10} 大于 100 或贯入 15 cm 锤击数大于 50 时，可停止试验。

　　5 对重型动力触探，当连续三次 $N_{63.5}$ 大于 50 时，可停止试验或改用超重型动力触探。

3.5 低应变法

3.5.1 低应变法适用于检测混凝土桩的桩身完整性、判定桩身缺陷的程度及位置、校核桩长。当施工桩长超过低应变测试有效深度时，宜采用其他测试方法对桩长和完整性进行核定。

3.5.2 低应变试验应符合《建筑基桩检测技术规范》JGJ 106 的有关规定，并满足下列要求：

　　1 对混凝土灌注桩或桩头破损的预制桩必须进行截桩并作打磨处理。

　　2 测试波速的确定应符合下列要求：

　　　　1）当桩长已知、桩底反射信号明确，在地质条件、设计桩型、成桩工艺相同的基桩中，选取不少于 5 根 I 类桩的桩身波速值计算实测波速平均值；

　　　　2）当无法获取实测波速平均值时，桩身波速可按附录 F 的推荐值初步设定，并以此校核施工记录桩长；

　　　　3）采用实测波速平均值或本规程附录 F 推荐值测试存在较大差异时，可选取不少于 5 根 I 类桩对其桩身上部一定长度段的混凝土进行应力波波速实测，按《建筑基桩检测技术规范》JGJ 106 第 8.4.1 条计算波速平均值；

　　　　4）波速平均值也可根据本地区相同桩型及成桩工艺的其他桩基工程的实测值，结合桩身混凝土的骨料品种和强度等级综合确定。

3.5.3 当实测桩长与施工记录桩长不吻合时，应在检测报告中注明。

3.6 声波透射法

3.6.1 声波透射法适用于检测已埋声测管的混凝土灌注桩桩身完整性，判定桩身缺陷的程度及其位置。

3.6.2 声波透射法的仪器设备、现场检测、检测数据分析判断应符合《建筑基桩检测技术规范》JGJ 106 的有关规定。

3.6.3 声波透射法的声测管埋设应符合下列要求：

1 在检测方案及检测报告图纸中，应标注声测管的埋设位置及编号；

2 声测管应选择透声率较大、便于安装且不易破损的材料，声测管宜采用壁厚大于等于 3 mm 的钢管；

3 套管宜采用对接，不宜采用对焊连接；

4 声测管宜采用焊接或绑扎等方式直接固定在钢筋笼内侧，并应保持平行；

5 声测管应从桩顶至桩底连续埋设。

3.6.4 应采取措施确保声测管畅通，检测前应冲洗声测管。当声测管堵管无法进行声波透射检测时，应采用其他方法（如钻芯法）进行检测。

3.7 高应变法

3.7.1 高应变法适用于检测基桩单桩竖向抗压极限承载力和桩身完整性。进行灌注桩的竖向抗压承载力检测时，应具有现场实测经验和本地区相近条件下的可靠动静对比验证资料。

3.7.2 大直径扩底桩或具有缓变型 $Q\text{-}s$ 曲线的大直径灌注桩不宜采用高应变试验。

3.7.3 高应变试验的仪器设备、桩头处理、现场检测、检测数据分析判断应按《建筑基桩检测技术规范》JGJ 106 的有关规定执行。

3.7.4 高应变检测符合下列规定：

1 对混凝土灌注桩或桩头破损的预制桩，桩头须按附录 G 进行处理。

2 高应变承载力试验锤的重量应大于预估单桩极限承载力的 1.0%～1.5%，混凝土桩的桩径大于 600 mm 或桩长大于 30 m 时取高值；重锤应整体铸造，高径（宽）比应在 1.0～1.5 范围内。

3 对以材料强度控制单桩竖向承载力的试验，最大锤击力不应小于预估单桩极限承载力的 1.5 倍。

4 试验前，可采用 10 cm 或者 20 cm 落距进行试锤击，以检查测试系统状态，确认正常后，落距宜选择 50 cm ~ 150 cm。

5 检测评定的极限承载力不得大于实测曲线中的最大锤击力。

3.8 钻芯法

3.8.1 钻芯法适用于检测混凝土灌注桩的桩长、桩身混凝土强度和桩身完整性、桩底沉渣厚度，判定或鉴别桩端持力层岩土性状。

3.8.2 钻芯法的仪器设备、现场操作、芯样处理、检测数据分析判断应按《建筑基桩检测技术规范》JGJ 106 的有关规定执行。

3.8.3 钻芯法确定桩端以下中风化或微风化岩石单轴抗压强度时应符合下列规定：

1 岩样尺寸宜为 $\phi50$ mm × 100 mm，数量不应少于 6 个；

2 岩样应进行饱和处理，若为粘土质岩时取天然状态；

3 在压力机上以（500 ~ 800）kPa/s 的速度加载直到试样破坏，记下最大加载值，做好试验前后的试样描述。

3.9 静载荷试验

3.9.1 本规程中的静载荷试验主要包括浅层平板载荷试验、深层平板载荷试验、复合地基载荷试验、岩基载荷试验、单桩静载荷试验及锚杆（索）抗拔试验。

3.9.2 静载荷试验应符合下列规定：

1 当采用压重平台反力装置时，压重重量不应小于最大加载量的 1.2 倍，压重宜在试验前一次加足；在压重堆载过程中应有专人负责现场安全；现场有吊车进场条件时，堆载材料应使用混凝土标准配重块。

2 应对平台梁、主梁、承载墙及其地基强度进行验算。

3 复合地基载荷试验承压板底面标高宜与基础底面标高一致，且承压板底宜铺设中、粗砂垫层，垫层厚度宜取 50 mm ~ 150 mm。

4 每级荷载的维持时间均应按相应的标准执行。

4 处理地基检测

4.1 换填地基

4.1.1 砂石土换填地基应分别进行压实系数和承载力检测。

4.1.2 压实系数检测应符合下列规定：

    1 压实系数应分层进行检测；

    2 对细粒土采用环刀法，对粗粒土采用灌砂（水）法或其他方法进行检测；

    3 检测点数量，对大基坑每 50 m² ~ 100 m² 不应少于 1 个点，对基槽每 10 m ~ 20 m 不应少于 1 个点，每个独立柱基不应少于 1 个点。

4.1.3 承载力检测应符合下列规定：

    1 采用圆锥动力触探试验检测换填层的施工质量，对于大面积换填地基每 50 m² ~ 100 m² 不应少于 1 个点，对于基槽换填地基每 10 m ~ 20 m 不应少于 1 个点，每个单独柱基不应少于 1 个点，每个单体工程不应少于 6 个点；

    2 根据动力触探试验结果选择相对较差或具有代表性的点位进行静载荷试验，每个单体工程每 1 000 m² 不少于 1 个点，且不应少于 3 个点。

4.2 强夯地基

4.2.1 强夯法处理地基的承载力检测应在施工结束后间隔一定时间方可进行。对于碎石土和砂土地基，间隔时间不宜少于 7 天；粉土和粘性土地基间隔时间不宜少于 14 天；强夯置换地基间隔时间不宜少于 28 天。

4.2.2 强夯法处理的地基承载力检测应符合下列规定：

1 对不加填料的强夯地基，可采用原位测试或取样进行室内土工试验等方法进行，按每 100 m² 抽取不少于 1 个点进行初步检测，并根据试验结果选择相对较差的或有代表性的点位进行静载荷试验，每个单体工程不少于 3 点。

2 对加入卵石或碎石进行强夯形成的强夯置换地基，宜先采用动力触探检测，根据动探结果选择相对较差的或有代表性的点位进行单墩载荷试验或单墩复合地基载荷试验。

3 动力触探检测数量每 50 m² ~ 100 m² 不少于 1 个点，静载荷试验点数量每 500 m² 不少于 1 点，且每个单体工程不应少于 3 点；对于堆场、道路和单层大跨度厂房地坪强夯地基，动力触探检测数量每 200 m² ~ 500 m² 不少于 1 个点，静载荷试验点数量每 1 000 m² 不少于 1 点。

4.3 振冲碎石桩地基

4.3.1 振冲施工结束后，除砂土地基外，其余土体地基应间隔一定时间后才能进行地基检测。粉质粘土地基间隔时间不宜少于 21 天，粉土地基间隔时间不宜少于 14 天。

4.3.2 振冲碎石桩复合地基承载力检测应符合下列规定：

1 抽取振冲桩总数的 3% ~ 5% 进行动力触探试验检测，绘制振冲桩体密实度随深度的变化曲线，测点应在碎石桩体中心；根据动力触探试验结果，选取不少于总桩数的 1%，且每个单体工程不少于 3 点做单桩复合地基载荷试验。

2 处理结果要求较高或处理厚度变化较大的振冲碎石桩地基，宜进行多桩复合地基载荷试验。

3 不加填料振冲加密处理的砂土、圆砾土或松散卵石等地基，可选取不少于振冲点的 3%，且每个单体工程不应少于 10 点采用原位测试方法评定地基承载力。

4.4 砂石桩地基

4.4.1 砂石桩施工结束后，应间隔一定时间进行质量检测。粉土、砂土和杂填土地基间隔时间不宜少于 7 天；对饱和粘性土地基，间隔时间不宜少于 28 天；对非饱和的粘性土地基，间隔时间不宜少于 14 天。

4.4.2 砂石桩地基承载力检测应符合下列规定：

1 抽取不少于砂石桩总数的 2%进行动力触探试验，测点应在砂石桩体中心，并绘制桩体密实度随深度的变化曲线；

2 根据动力触探试验结果，选择密实度相对较差或具有代表性的不少于总桩数的 1%，且每个单体工程不少于 3 点进行单桩复合地基载荷试验；

3 对要求较高或处理厚度变化较大的砂石桩地基，宜进行多桩复合地基载荷试验。

4.5 水泥粉煤灰碎石桩（含素混凝土桩）地基

4.5.1 CFG 桩应在施工结束 15 天（或桩身强度达到设计要求）后进行单桩复合地基静载荷试验和单桩静载荷试验检测。

4.5.2 CFG 桩地基检测应符合下列规定：

1 对使用沉管成孔、长螺旋钻孔等工艺灌注、浇注施工的 CFG 桩，应抽取不少于总桩数的 10%进行桩身完整性检测，并结合桩身完整性抽取不少于总桩数的 1%，且每个单体工程不应少于 3 点进行单桩复合地基载荷试验；抽取不少于总桩数的 1%，且每个单体工程不应少于 3 点进行单桩静载荷试验。

2 对其他施工工艺成桩的 CFG 桩，可不进行桩身完整性检测，但应抽取不少于总桩数的 1.5%，且每个单体工程不少于 3 点进行单桩复合地基载荷试验；抽取不少于总桩数的 1.5%，且每个单体工程不少于 3 点进行单桩静载荷试验。

4.6　夯实水泥土桩地基

4.6.1　夯实水泥土桩地基承载力应在成桩 15 天（或桩身强度达到设计要求）后进行地基检测。

4.6.2　夯实水泥土桩地基承载力检测应符合下列规定：

　　1　抽取不少于总桩数的 2%的桩在桩心进行动力触探试验，绘制桩体密实度随深度的变化曲线；

　　2　根据动力触探试验结果，选取相对较差或具有代表性的不少于总桩数的 1%，且每个单体工程不少于 3 点进行单桩复合地基载荷试验。

4.7　水泥土搅拌桩地基

4.7.1　水泥土搅拌桩完工后，宜在 28 天（或桩体强度达到设计要求）后进行地基检测。

4.7.2　水泥土搅拌桩地基承载力检测应符合下列规定：

　　1　抽取搅拌桩总数的 0.5%～1%，且每个单体工程不少于 3 根进行单桩复合地基载荷试验；

　　2　抽取搅拌桩总数的 0.5%～1%，且每个单体工程不少于 3 根进行单桩载荷试验。

4.8　高压喷射注浆地基

4.8.1　高压喷射注浆施工完毕后，宜在 28 天（或桩体强度达到设计要求）后进行地基检测。

4.8.2　高压喷射注浆地基承载力检测应符合下列规定：

　　1　抽取高压喷射注浆孔数的 0.5%～1%，且每个单体工程不少于 3 点进行复合地基载荷试验；

2 抽取高压喷射注浆孔数的 0.5%～1%，且每个单体工程不少于 3 点进行单桩载荷试验。

4.9 水泥注浆地基

4.9.1 水泥注浆施工完毕后，宜在 28 天后进行地基检测。

4.9.2 水泥注浆地基承载力检测应符合下列规定：

1 当注浆处理卵石层中的砂层、圆砾、松散卵石土层时，可采用动力触探试验评定注浆层的处理效果；检测数量对坑基每 50 m² ～ 100 m² 不应少于 1 个点，对槽基每 10 m ～ 20 m 不应少于 1 个点，每个单独柱基不应少于 1 个点，且每个单体工程不应少于 6 个点。

2 对于注浆处理的浅层地基，应根据动力触探试验结果选取不少于 3 个相对较差或具有代表性的点位进行载荷试验；对于其他注浆处理的深层地基，当采用动力触探指标评定地基土承载力特征值时可参见本规程附录 B ～ 附录 D。

4.10 石灰桩地基

4.10.1 石灰桩地基施工完毕后，宜在 7 天后进行地基检测。

4.10.2 石灰桩地基承载力检测应符合下列规定：

1 抽取不少于总桩数 1% 的桩进行桩中心及桩间土动力触探、静力触探或标准贯入试验；

2 根据以上试验结果，选取不少于 3 个相对较差或具有代表性的点位进行单桩复合地基载荷试验。

4.11 其他处理地基

4.11.1 采用其他方法处理的地基，施工结束后应进行承载力检测，对刚性复合地基（如管桩、灌注桩等）还需进行桩的完整性检测。

4.11.2 承载力试验根据处理地基的类型可进行单桩载荷试验、单桩复合地基载荷试验。

5 基桩检测

5.1 沉管灌注桩

5.1.1 沉管灌注桩完工后应进行桩身完整性及单桩竖向承载力检测。

5.1.2 单桩竖向承载力检测应在桩身完整性检测后，根据桩身完整性检测结果选择有代表性的桩进行。

5.1.3 桩身完整性检测应符合下列规定：

1 桩身完整性检测宜采用低应变法。

2 检测数量不应少于总桩数的 30%，且不得少于 20 根；每个承台中抽检桩不少于 1 根，一柱一桩全数检测。

5.1.4 单桩竖向承载力检测应符合下列规定：

1 设计等级为甲级、乙级的建筑物，单桩竖向承载力应采用静载荷试验。

2 设计等级为丙级的建筑物，当满足高应变适用条件时，单桩竖向承载力检测可采用高应变动力试验；高应变试验抽检桩数在同一条件下不应少于总桩数的 5%，且不应少于 5 根。当高应变检测结果不满足要求或地质条件复杂、成桩质量可靠性较低时，单桩竖向承载力检测应采用静载荷试验。

3 单桩竖向抗压静载荷试验抽检数量在同一条件下不应少于总桩数的 1.5%，且不得少于 5 根。

5.2 载体桩

5.2.1 载体桩完工后应进行桩身完整性及单桩竖向承载力检测。

5.2.2 单桩竖向承载力检测宜在桩身完整性检测后，根据完整性检测结果选择有代表性的桩进行。

5.2.3 桩身完整性检测宜采用低应变法，检测数量不应少于总桩数的 20%，且不得少于 10 根；每个承台中抽检桩不少于 1 根，一柱一桩全数检测。

5.2.4 单桩竖向承载力检测应采用静载荷试验，抽检桩数量不应少于总桩数的 1%，且不应少于 3 根。

5.3 钻孔、冲孔、旋挖成孔灌注桩

5.3.1 钻孔、冲孔、旋挖成孔灌注桩应进行桩身完整性及单桩竖向承载力检测。

5.3.2 单桩竖向承载力检测宜在桩身完整性检测后，根据完整性检测结果选择有代表性的桩进行。

5.3.3 桩身完整性检测应符合下列规定：

　　1 对直径小于 500 mm 的灌注桩，桩身完整性检测应采用低应变法，检测数量不应少于总桩数的 30%，且不得少于 20 根；每个承台中抽检桩不少于 1 根，一柱一桩全数检测。

　　2 对直径大于等于 500 mm 且小于 800 mm 的灌注桩，采用低应变法进行桩身完整性检测时应全数检测。

　　3 对直径大于等于 800 mm 的灌注桩，桩身完整性检测应采用低应变法与声波透射法综合进行,全数基桩进行低应变法检测，并选取不少于总桩数的 10%，且不少于 10 根桩预埋声测管进行声波透射法检测。

5.3.4 单桩竖向承载力检测应符合下列规定：

　　1 设计等级为甲级和乙级的桩基础，应选取总桩数的 1%，且不少于 3 根桩进行单桩竖向承载力静载荷试验；

　　2 设计等级为丙级的桩基础或施工前已进行过动静对比的

乙级桩基础，当满足高应变法适用检测范围时，单桩竖向承载力检测可采用高应变动力检测方法评定，抽检桩数不应少于总桩数的 5%，且不应少于 5 根；或抽取总桩数的 1%，且不少于 3 根桩进行单桩竖向承载力静载荷试验。

    3 当以中等风化或微风化岩石为桩端持力层的端承型大直径桩，沉渣厚度和岩石单轴抗压强度可采用钻芯法测定，钻芯抽检数量不少于总桩数的 10%，且不应少于 10 根。

5.4　干作业成孔桩（墩）

5.4.1　干作业成孔桩（墩）应进行桩身完整性及单桩竖向承载力检测。

5.4.2　根据持力层的情况，选择单桩静载荷试验、深层平板载荷试验、岩基载荷试验确定承载力，选择岩石单轴抗压强度试验及动力触探试验确定持力层力学指标。

5.4.3　桩身完整性检测可采用低应变法、声波透射法或钻芯法。

5.4.4　使用低应变法检测桩身完整性时，抽检数量不得小于总桩数的 20%，且不少于 10 根；每个承台中抽检桩不少于 1 根，一柱一桩全数检测。使用声波透射法或钻芯法检测桩身完整性时，抽检数量不得少于总桩数的 10%，且不得少于 5 根。

5.4.5　单桩竖向承载力检测应符合下列规定：

    1 以基岩为桩端持力层时，对设计等级为甲级和乙级的桩基础，抽取总桩数的 1%且不少于 3 根桩进行单桩竖向承载力静载荷试验，当条件不具备时可抽取总桩数的 2%且不少于 6 根桩在桩底平面处进行岩基载荷试验；对设计等级为丙级的桩基础，抽取总桩数的 1%且不少于 3 根桩在桩底平面处进行岩基载荷试验，或在桩孔底抽取总孔数的 5%且不少于 6 个孔取岩样进行单轴抗压强度试验。

2 以卵石土为桩端持力层时，对设计等级为甲级和乙级的桩基础，抽取总桩数的 1%且不少于 3 根桩进行单桩竖向承载力静载荷试验；当条件不具备时，可抽取总桩数的 10%且不少于 10 个点进行超重型动力触探试验，根据超重型动力触探试验结果，抽取总桩数的 2%且不少于 6 点在桩底平面处进行深层平板载荷试验。对设计等级为丙级的桩基础，抽取总桩数的 1%且不少于 3 点在桩底平面处进行深层平板载荷试验。

3 当干作业成孔桩持力层下存在松散圆砾或砂土等软弱下卧层并经压力注浆处理时，待注浆加固 15 天以后，在扩大端外缘 500 mm 处进行超重型动力触探，以检验下卧层的加固效果，检测数量应不少于总桩数的 30%，且不少于 20 点。当采用动力触探指标评定地基土承载力特征值时可参见本规程附录 D。

5.5 预制桩

5.5.1 预制桩完工后应进行桩身完整性及单桩竖向承载力检测。

5.5.2 单桩竖向承载力检测应在桩身完整性检测后，根据完整性检测结果选择有代表性的桩进行。

5.5.3 桩身完整性检测应采用低应变法，抽检数量应不少于总桩数的 20%，且不少于 10 根；每个承台中抽检桩不少于 1 根，一柱一桩全数检测。

5.5.4 同一规格、同一持力层的基桩，对设计等级为甲级和乙级的桩基础，应抽取总桩数的 1%且不少于 3 根桩进行单桩竖向承载力静载荷试验；对设计等级为丙级的桩基础，可抽取总桩数的 5%且不少于 5 根桩进行高应变动力检测。

5.6 预应力管桩

5.6.1 预应力管桩完工后应进行桩身完整性及单桩竖向承载力检测。

5.6.2 对焊接接桩的预应力管桩，应抽取 10%的焊缝进行无损探伤检测。

5.6.3 应先进行桩身完整性检测，根据完整性检测结果选择有代表性的桩进行单桩竖向承载力检测。

5.6.4 桩身完整性检测应采用低应变法，抽检数量应符合下列规定：

1 单节桩应抽取总桩的 10%，且不少于 10 根。

2 多节桩设计等级为甲级时，抽检数量不应少于总桩数的 30%，且不得少于 20 根；设计等级为乙级和丙级时，抽检数量不应少于总桩数的 20%，且不得少于 10 根。

3 每个承台中抽检桩不少于 1 根，一柱一桩应全数检测。

5.6.5 单桩竖向承载力检测应符合下列规定：

1 设计等级为甲、乙级并以卵石土为桩端持力层时，同一规格、同一持力层的基桩抽检数量不应少于总桩数的 1%，且不少于 3 根桩，以进行单桩竖向承载力静载荷试验；以岩石为桩端持力层时，除按以上方式检验外，尚应抽取不少于总桩数的 5%，且不少于 10 根桩进行高应变动力检测，或增加总桩数的 0.5%～1.0%进行静载荷试验。

2 设计等级为丙级时，可采用高应变法进行单桩竖向抗压承载力验收检测，抽检数量不应少于总桩数的 5%，且不少于 5 根。

5.6.6 预应力管桩承载力检测间隔时间应符合下列规定：

1 桩端持力层为粘性土、砂土、粉土时，承载力检测间隔时间不宜少于 28 天；

2 桩端持力层为卵石土、岩石土场地时，承载力检测间隔时间不宜少于 7 天；

    3 桩端持力层为遇水易软化的岩石和其他土层场地时，承载力检测间隔时间不宜少于 28 天。

5.7 钢桩

5.7.1 应抽取总桩数的 1%，且不少于 3 根桩进行单桩竖向承载力静载荷试验。

5.7.2 接桩应进行探伤检测，抽取数量不少于接桩数的 10%。

6 基坑（边坡）工程检测

6.1 锚杆（索）抗拔试验

6.1.1 本方法适用于支护锚杆（索）的基本试验和验收试验。

6.1.2 锚杆（索）施工完成后，锚杆（索）锚固段浆体强度达到 15 MPa 或达到设计强度等级的 75%后方可进行锚杆（索）抗拔试验。

6.1.3 永久性锚杆（索）抗拔试验的最大加载应取锚杆轴向拉力设计值的 1.5 倍，临时锚杆可取锚杆轴向拉力设计值的 1.2 倍，但其最大应力值不应大于杆体强度标准值的 0.8 倍。

6.1.4 锚杆（索）抗拔试验数量，基本试验数量不应少于 3 根，验收试验抽取每种类型锚杆（索）总数的 5%且不应少于 6 根，用作试验的锚杆（索）参数、材料、施工工艺及地质条件应与工程锚杆（索）相同。

6.1.5 加在装置（千斤顶、油压系统）上的额定推力必须大于试验的最大抗拔力。

6.1.6 加载反力装置的刚度应满足最大试验的要求。加载时千斤顶应与锚杆同轴。

6.1.7 锚杆（索）抗拔试验要点见附录 H。

6.2 土钉抗拔试验

6.2.1 土钉支护结构施工完成后，应进行抗拔试验，检测数量应为土钉总数的 1%且不应少于 3 根，用作试验的土钉参数、材料、施工工艺及地质条件应与实际工程所采用的土钉相同。

6.2.2 土钉抗拔试验应在注浆固结体强度达到 10 MPa 或达到设

计强度的 70%后进行。

6.2.3 土钉抗拔试验的最大加载应不低于土钉轴向拉力设计值的 1.1倍。最大加载下的土钉杆体应力不应超过其屈服强度标准值。

6.2.4 加在装置（千斤顶、油压系统）上的额定推力必须大于试验的最大抗拔力。

6.2.5 加载反力装置的刚度应满足最大试验的要求。加载时千斤顶应与土钉同轴。

6.2.6 在土钉墙面层上进行试验时，试验土钉应与喷射混凝土面层分离。

6.2.7 土钉抗拔试验要点见附录 J。

6.3　排桩支护

6.3.1 排桩施工完后应在冠梁施工前进行桩身完整性检测，并对全数排桩进行桩身完整性检测。

6.3.2 排桩桩身完整性检测可采用低应变法、声波透射法。

6.3.3 当低应变法、声波透射法有异常需要验证时，宜采用钻芯法对桩身混凝土质量进行检查。

6.3.4 现场检测、数据分析与判定应符合《建筑基桩检测技术规范》JGJ 106 的有关规定。

6.3.5 有效测试桩长与设计、施工记录桩长均应在检测报告中注明。

7 检测结果评价

7.1 一般规定

7.1.1 符合检测（试验）要求的地基基础检测项应评定是否满足设计要求。

7.1.2 应根据检测结果对单体工程地基基础进行整体评定。在满足抽样数量条件下，可根据实际情况进行分区域评价。

7.1.3 当检测结果中存在不合格点时，施工方应查明原因，经建筑、设计、监理等有关单位认可，并经施工方重新处理后重新进行检测，检测数量不少于原检测方案，可按照《建筑工程施工质量验收统一标准》GB 50300 的相关规定处理。

7.2 处理地基评价

7.2.1 处理地基应评价地基承载力。各检测点位的地基承载力检测结果均不小于设计要求时，地基承载力应评定为满足设计要求。

7.2.2 采用动力触探对换填、注浆、强夯等处理地基评价时，应绘制其沿深度的变化曲线，并根据曲线形态评价处理地基的均匀性。

7.3 基桩评定

7.3.1 基桩应评价桩身完整性和单桩竖向承载力。

7.3.2 桩身完整性应按表 7.3.2 的规定判定每根受检桩的桩身完整性类别。

表 7.3.2　桩身完整性分类

桩身完整性类别	分　类　原　则
Ⅰ 类桩	桩身完整
Ⅱ 类桩	桩身有轻微缺陷，不会影响桩身结构承载力的正常发挥
Ⅲ 类桩	桩身有明显缺陷，对桩身结构承载力有影响
Ⅳ 类桩	桩身存在严重缺陷

7.3.3　桩身完整性检测当抽检桩中存在的Ⅲ类、Ⅳ类桩之和小于抽检桩数的 20%时，应查明原因；同时按原检测方法（声波透射法可改用钻芯法）继续扩大抽检，当仍有Ⅲ、Ⅳ类桩时，应全数进行完整性检测。

7.3.4　当抽检桩中存在的Ⅲ、Ⅳ类桩之和大于抽检桩数的 20%时，应全数进行完整性检测。

7.3.5　Ⅲ类桩应经承载力检测满足设计要求后方可使用，Ⅳ类桩应进行工程处理。

7.3.6　工程桩承载力检测结果的评价，应给出每根受检桩的承载力检测值，并据此给出单体工程在同一条件下的单桩承载力特征值是否满足设计要求的结论。

7.3.7　对岩基载荷试验、深层平板载荷试验、岩石取芯试验，应给出设计标高处桩端持力层检测结果是否满足设计要求的结论。

7.4　锚杆（索）、土钉评定

7.4.1　锚杆（索）、土钉应评价抗拔承载力。

7.4.2　当参加统计的试验锚杆（索）、土钉抗拔承载力极差超过平均值的 30%时，应分析极差过大的原因，并应增加试验量，结合工程情况确定极限承载力。

附录 A 静力触探 P_s 确定砂土、粉土、粘性土、素填土承载力特征值

表 A.0.1 砂土承载力特征值 f_{ak} kPa

P_s	2	3	4	5	6	7	8
中砂、粗砂	100~120	140~160	180~200	220~240	260~280	290~310	320~340
粉砂、细砂	90~100	110~120	130~140	150~160	170~180	190~200	210~220

注：中砂用低值、粗砂用高值；粉砂用低值、细砂用高值。

表 A.0.2 粉土承载力特征值 f_{ak} kPa

P_s	1	2	3	4	5
砂质粉土	100	120	140	160	180
粘质粉土	110	135	160	185	210

表 A.0.3 粘性土承载力特征值 f_{ak} 及压缩模量 E_s

P_s	0.5	1	1.5	2	2.5	3	3.5	4
f_{ak}（kPa）	80	120	160	200	240	280	310	340
E_s（MPa）	3	5	7	9	11	12.5	14	15

表 A.0.4 素填土承载力特征值 f_{ak} 及压缩模量 E_s

P_s	0.5	1	1.5	2	2.5
f_{ak}（kPa）	60	100	135	170	200
E_s（MPa）	2.6	4.2	5.8	7.4	9

附录 B 超重型动力触探击数 N_{120} 确定卵石土承载力特征值 f_{ak} 及变形模量 E_o

表 B 卵石土承载力特征值 f_{ak} 及变形模量 E_o

N_{120}	4	5	6	7	8	9	10	12	14	16	18	20
f_{ak}（kPa）	320	400	480	560	640	720	800	900	975	1 020	1 070	1 100
E_o（MPa）	21	23.5	26	28.5	31	34	37	42	47	52	57	62

注：仅适用于注浆地基承载力评定。

附录 C 重型动力触探击数 $N_{63.5}$ 确定卵石土承载力特征值 f_{ak} 及变形模量 E_o

表 C 卵石土承载力特征值 f_{ak} 及变形模量 E_o

$N_{63.5}$	3	4	5	6	8	10
f_{ak}（kPa）	120	160	200	240	320	400
E_o（MPa）	8	11	14	16	20	24

注：仅适用于注浆地基承载力评定。

附录 D 超重型动力触探击数 N_{120} 确定人工挖孔桩桩端卵石土极限承载力标准值 q_{pk}

表 D 人工挖孔桩桩端卵石土极限承载力标准值

N_{120}	3	4	5	6	7	8	9	10	11	12
q_{pk}（kPa）	1 500	2 000	2 500	3 000	3 500	4 000	4 500	5 000	5 500	6 000

注：仅适用于注浆地基承载力评定。

附录 E 轻型动力触探击数 N_{10} 确定粘性土、素填土承载力特征值 f_{ak}

表 E.0.1 粘性土承载力特征值 f_{ak}

N_{10}	15	20	25	30
f_{ak}（kPa）	105	145	190	230

表 E.0.2 素填土承载力特征值 f_{ak}

N_{10}	10	20	30	40
f_{ak}（kPa）	85	115	135	160

附录 F 应力波纵波速度与灌注桩混凝土强度等级对应关系建议值

表 F 应力波纵波速度与灌注桩混凝土强度等级对应关系建议值

混凝土强度等级	C15	C20	C25	C30
应力波纵波速度 （m/s）	2 700～3 000	3 000～3 500	3 500～3 800	3 800～4 200

附录 G 混凝土桩桩头处理要求

G.0.1 混凝土桩应先凿掉桩顶部的破碎层或软弱混凝土。

G.0.2 桩头顶面应平整，桩头中轴线与桩身上部的中轴线应重合。

G.0.3 桩头主筋应全部直通至桩顶混凝土保护层之下，各主筋应在同一高度上。

G.0.4 距桩顶 1 倍桩径范围内，宜用厚度 3 mm ~ 5 mm 的钢板围裹或距桩顶 1.5 倍桩径范围内设置箍筋，间距不宜大于 100 mm，桩顶应设置钢筋网片 2 层 ~ 3 层，间距 60 mm ~ 100 mm。

G.0.5 桩头混凝土强度等级宜比桩身混凝土提高 1 级 ~ 2 级，且不得低于 C30。

G.0.6 检测传感器宜安装在接桩以下的原桩身上。

附录 H 锚杆（索）抗拔试验要点

H.1 基本试验要点

H.1.1 基本试验采用循环加载方式，加载等级及锚头位移观测时间按表 H.1.1 确定。

表 H.1.1 循环加载试验的加载等级及观测时间

循环数	加载标准								
	加荷量/ 预估破坏荷载（%）								
第一循环	10	—	—	—	30	—	—	—	10
第二循环	10	30	—	—	50	—	—	30	10
第三循环	10	30	50	—	70	—	50	30	10
第四循环	10	30	50	70	80	70	50	30	10
第五循环	10	30	50	80	90	80	50	30	10
第六循环	10	30	50	90	100	90	50	30	10
观测时间(h)	5	5	5	5	10	5	5	5	5

注：1 在每级加载等级观测时间内，测读锚头位移不应少于 3 次；
　　2 在每级加载等级观测时间内，锚头位移小于 0.1 mm 时，可施加下一级荷载，否则应延长观测时间，直至锚头位移增量在 2 h 内小于 2.0 mm 时，方可施加下一级荷载。

H.1.2 锚杆（索）极限抗拔试验出现下列情况之一时，可判定锚杆（索）破坏：

  1 后一级荷载产生的锚头位移增量达到或超过前一级荷载产生位移增量的 2 倍且锚头位移未稳定时；

2 锚头位移持续增长或锚头总位移超过设计允许值；

3 锚杆杆体破坏。

H.1.3 基本试验应提供荷载与对应的锚头位移列表、荷载-位移曲线、荷载-弹性位移曲线和荷载-塑性位移曲线等成果。

H.1.4 锚杆（索）极限承载力应取破坏荷载的前一级荷载值，在未达到 H.1.2 条规定的破坏标准时，锚杆（索）的极限承载力应取最大试验荷载。

H.1.5 当每组试验锚杆（索）极限承载力的最大差值不大于 30%时，应取最小值作为锚杆（索）的极限承载力。当最大差值大于 30%时，应增加一倍试验锚杆（索）的数量，且按 95%的保证概率计算锚杆（索）的极限承载力。

H.2 验收试验要点

H.2.1 验收试验可采用单循环加荷法，其起始荷载可为锚杆（索）抗拔力设计值的 30%，分级加荷值可分别为抗拔力设计值的 0.5、0.75、1.0、1.2、1.33 和 1.5 倍。

H.2.2 验收试验中，当荷载每增加一级，均应稳定 5 min～10 min，当观测时间内锚头位移增量不大于 1.0 mm 时，可视为位移收敛，否则应延长至 60 min，并应每隔 10 min 测读锚头位移 1 次；当该 60 min 内锚头位移增量小于 2.0 mm 时，可视为位移收敛，否则视为不收敛。

H.2.3 加荷至最大试验荷载并观测 10 min，待位移稳定后卸荷至 $0.1 N_t$（抗拔力设计值），然后加荷至 $1.0 N_t$ 锁定。

H.2.4 锚杆试验终止条件：

1 后一级荷载产生的锚头位移增量达到或超过前一级荷载产生位移增量的 2 倍且锚头位移未稳定时；

2 锚头位移持续增长或锚头总位移超过设计允许值；

3 锚杆杆体破坏。

H. 2. 5 当符合下列要求时，应判定验收合格：

1 锚杆在最大试验荷载下所测得的总位移，超过该荷载下杆体自由段长度理论弹性伸长值的 80%，且小于杆体自由段长度与 1/2 锚固段长度之和的理论伸长值；

2 在最后一级荷载作用下，1 min ~ 10 min 锚杆位移增量不大于 1.0 mm；当超过时，60 min 内，锚杆位移增量不大于 2.0 mm。

H. 2. 6 验收试验应提供荷载与对应的锚头位移列表、荷载-位移曲线等成果。

附录 J 土钉抗拔试验要点

J. 0. 1 土钉抗拔试验可采用单循环加荷法，加荷等级与观测时间可按表 J.0.1 进行。

表 J.0.1 土钉抗拔试验加荷等级与观测时间

观测时间(min)		5	5	5	5	5	10
加载量与最大加载量之比(%)	初始荷载	—	—	—	—	—	10
	加载	10	50	70	80	90	100
	卸载	10	20	50	80	90	—

注：单循环加载试验用于抗拔力检测时，加至最大荷载后，可一次卸载至最大试验荷载的 10%。每级加卸载稳定后，在观测时间内测读土钉位移不应少于 3 次。

J. 0. 2 土钉极限承载力抗拔试验在每级荷载的观测时间内，当土钉位移增量不大于 0.1 mm 时，可施加下一级荷载，否则应延长观测时间，每隔 30 min 测读土钉位移一次；在 1 h 内，两次测读的土钉位移增量不大于 0.1 mm 时，可施加下一级荷载。

J. 0. 3 土钉抗拔承载力试验在每级荷载的观测时间内，土钉位移增量不大于 1.0 mm 时，可视为位移收敛，否则应延长至 60 min，并每 10 min 测读土钉位移一次；当该 60 min 内土钉位移增量小于 2.0 mm 时，可视为土钉位移收敛，否则视为不收敛。

J. 0. 4 土钉抗拔试验遇下列情况之一时，可终止加载：

　　1 后一级荷载产生的位移增量达到或超过前一级荷载产生位移增量的 5 倍；

　　2 土钉位移不收敛；

　　3 杆体破坏。

J. 0. 5　土钉抗拔试验应提供荷载-位移曲线。

J. 0. 6　土钉极限抗拔力标准值应按下列方法确定：

　　1　在某级荷载下出现 J.0.4 条规定之一时，取终止加载时的前一级荷载值；未出现时，取终止加载值。

　　2　参加试验的土钉，当满足级差不超过平均值的 30%时，土钉的极限抗拔承载力可取平均值；当级差超过平均值的 30%时，宜再增加 5%的试验数量，按 95%的保证概率确定土钉的极限抗拔承载力。

J. 0. 7　抗拔承载力检测中，在检测荷载下土钉位移稳定或收敛，应判土钉合格。

本规程用词说明

1 为便于在执行本规程条文时区别对待，对于要求严格程度不同的用词说明如下：

1）表示很严格，非这样做不可的：

正面词采用"必须"；反面词采用"严禁"。

2）表示严格，在正常情况下均应这样做的：

正面词采用"应"；反面词采用"不应"或"不得"。

3）表示允许稍有选择，在条件许可时首先应这样做的：

正面词采用"宜"；反面词采用"不宜"。

4）表示有选择，在一定条件下可以这样做的，采用"可"。

2 条文中指明应按其他有关标准执行的写法为："应按……执行"或"应符合……规程"。

引用标准名录

1　《建筑地基基础设计规范》GB 50007
2　《岩土工程勘察规范》GB 50021
3　《建筑地基处理技术规范》JGJ 79
4　《建筑"基桩"检测技术规范》JGJ 106
5　《建筑基坑支护技术规程》JGJ 120

四川省工程建设地方标准

四川省建筑地基基础检测技术规程

Technical code for testing of foundation soil and
building foundation in sichuan

DBJ51/T 014—2013

条 文 说 明

目 次

1 总 则

1.0.1 本规程所称的地基基础包含基桩、地基和基坑（边坡）支护工程。地基基础是建筑工程的重要组成部分，具有高度的隐蔽性，地基基础的施工质量直接关系到整个建（构）筑物的结构安全。我省地质条件复杂，基础形式多样，施工及管理水平参差不齐，施工中容易出现质量隐患。因此，地基基础检测工作是整个建筑工程中不可缺少的重要环节。为突出地方特色，提高地基基础检测技术水平，控制地基基础的质量与安全，需对相关检测方法进行规范，并具有可操作性。

1.0.3 ~ 1.0.4 地基基础检测涉及的各种检测内容和检测方法，在相关的国家标准、行业标准中都有相应的内容，在进行地基检测时应遵照执行。

3 基本规定

3.1 一般规定

3.1.2 本条规定了在地基基础检测前，检测机构应完成的工作，其中强调现场调查、资料收集。

3.1.3 本条明确了检测点位布置应遵循的原则，重点强调检测点应布置在地质条件较差的地段、施工质量存在异议的部位以及基础受荷载较大或上部结构对变形敏感部位。

3.1.4 本条要求在现场调查、资料收集、明确检测目的后，编制有针对性的检测方案。检测方案宜包含以下内容：工程概况、检测方法及依据的标准、设备名称及型号、抽检数量、检测周期等。

3.1.5 本条要求检测使用的计量器具，应送到法定计量检定单位进行定期检定，且在使用时必须在检定的有效期内，以保证检测数据的准确可靠性和量值溯源。

3.2 静力触探试验

3.2.2 经处理后的地基，通过静力触探，可以检验地基处理的深度是否达到设计深度，定性判断处理深度范围内地基处理的质量和均匀性，所以要求检测深度应超过地基处理深度。

3.4 动力触探试验

3.4.3 经处理后的地基，通过动力触探试验，可以检验地基处理的深度是否达到设计深度，定性判断处理深度范围内地基处理的质量和均匀性，所以要求检测深度应超过地基处理深度。

3.5 低应变法

3.5.3 低应变检测时，通过平均波速和桩顶、桩底反射信号间的传播时间，可以推定桩长，但受很多因素的影响会有一定的误差。若推定桩长与施工记录桩长差异较小，可以以施工记录桩长为准；若差异较大，则可能是施工单位提供的桩长不真实，需要在报告中注明，以引起各方重视。

3.6 声波透射法

3.6.4 由于现场施工条件的限制，声测管堵塞的事时有发生，导致某一断面不能检测或不能从上至下完整检测，影响桩身完整性判断的全面性，需要用钻芯法等方法予以补充检测。

3.7 高应变法

3.7.4 用高应变检测沉管灌注桩承载力时，必须进行接桩处理，接桩需符合附录 G 的要求，桩头接长段可以是圆形也可以是方形，但原桩与接桩应考虑混凝土强度、截面大小等因素以保证阻抗匹配，传感器安装于接桩上；静载荷试验桩头处理参照高应变接桩的要求进行。

3.8 钻芯法

3.8.1 钻芯法也可用于地下连续墙和复合地基竖向增强体等的检测。

4 处理地基检测

4.1 换填地基

4.1.1 换填地基填料一般是不同颗粒特征的土料，其承载力和变形性与其本身结构密实性直接相关，压实系数检测是必要的，而载荷试验可以直接检测换填地基的承载力情况。

4.1.2 填料压实特征受填料特性、含水情况和施工工艺等多种因素影响，而这些因素在施工中是变化的，并且具有人为操作性和随机性，必须按照一定数量进行分层检测。目前，施工车辆一般载重 40 t ~ 60 t，体积约 20 m³ ~ 30 m³，换填厚度一般为 0.2 m ~ 2.0 m，每车平均换填面积约 80 m²，因此本规程每 50 m² ~ 100 m² 不应少于 1 个点；槽基换填层压实施工较坑基难，点数在坑基基础上增加了约 1 倍 ~ 3 倍，规定每 10 m ~ 20 m 不应少于 1 个点。

4.1.3 当换填层厚度较大时，其本身的承载力直接对建筑基础与结构产生影响，所以一般换填层厚度大于 500 mm 的地基应进行承载力检测。检测方法是先用圆锥动力触探试验检测方法进行普检，主要是考虑到一般换填料多以粗粒土为主；选点数量确定考虑的因素与 4.1.2 类似，其中每个单体工程不少于 6 个圆锥动力触探试验检测点是从统计学角度考虑确定的。圆锥动力触探确定换填地基的承载力是一种间接方法，也是一种半经验方法，需要利用静载荷试验直接确定。考虑到大面积换填地基施工质量的控制相对较容易，规定每 1 000 m² 不少于 1 个静载荷试验点、每个单体工程不少于 3 个试验点是根据统计学原理确定的。

4.2 强夯地基

4.2.1 强夯处理地基时不仅夯密了锤下的地基土，同时也使其周围土体受到挤压，部分张裂，破坏了其原有结构；强夯处理后的地基土层内部变形和局部应力调整到稳定需要时间，时间的长短因土类而异，但细粒类土需要的时间更长这是一种共识。本条规定根据经验确定。实际检测中，若因工期需要提前检测，必须就提前检测对检测结果的影响情况及其程度应有充分的估计，做出分析推断，如利用过程检测试验，建立强夯地基土参数-时间过程模型进行预测推断。

4.2.2 强夯地基可根据不同的强夯类型确定检测方法。

1 不加填料的强夯地基土种类多，对于细粒土，可以沿不同深度取样，在室内做土工试验检测，或者进行原位试验检测，确定其密实度，间接确定其承载力是否符合设计要求。

2 强夯地基加入的填料通常是碎石或卵石，所以可以采用圆锥动力触探方法检测；夯坑加入填料夯实后与夯坑间的土体构成类似的复合地基，检测选点位置时要考虑填料碎石或卵石夯墩，也要考虑无填料或仅有填料垫层的部位。检测选点频次既考虑了大面积强夯处理质量容易控制，也考虑了抽样检测原理的要求。

3 堆场、道路及单层大跨度厂房地坪面积较大，强夯地基施工质量均匀性控制相对较易，工程后果不会很严重，所以载荷试验抽样数量减小到每 1 000 m² 不应少于 1 点，且每个厂房地坪强夯地基不应少于 3 点。大跨度指单跨大于等于 10 m 的结构，局部多层的单层大跨度厂房强夯地基载荷试验点数可分区抽取。

4.3 振冲碎石桩地基

4.3.1 振冲碎石桩施工中对原状粗颗粒地基土有振动密实作用，孔隙水排泄较为通畅，振密形成的超静孔隙水压力消散迅速，地基土会较快进入次固结阶段；细粒土地基则相反，主固结时间相对较长，所以地基处理后，需要一定的时间让地基土充分固结稳定再检测，其结果会更接近实际情况。实际工程中，若因工期需要提前检测，必须就提前检测对检测结果的影响情况及其程度应有充分的估计，做出分析推断，如利用过程检测试验，建立碎石桩复合地基土参数-时间过程模型进行预测推断。

4.3.2 除原状地基土产生的侧限不能太低外，振冲碎石桩复合地基承载力的关键在于其本身的密实程度，抽取总桩数的 3%～5%进行动探试验普检。在此基础上选取不低于总桩数的 1%、每个单体工程不少于 3 个点做单桩复合地基载荷试验，主要参考了统计学原理要求，也考虑了工期和成本问题。对于要求较高或处理厚度变化较大的碎石桩处理地基，宜做多桩复合地基载荷试验的要求，其目的是要检测碎石桩与桩间地基土共同作用下的加固处理效果。不加碎石料振冲挤密的砂土、圆砾土或松散卵石地基土，因其本身特性较好，只是结构密实性稍差，此类振冲挤密地基土的检测抽取比例要求有所降低，检测方法也没有明确规定必须用静载荷试验，用动探等间接方法检测承载力也行。

4.4　砂石桩地基

4.4.1 砂石桩施工中对原状松散砂土地基有挤压密实作用，孔隙水排泄较为通畅，挤密形成的超静孔隙水压力消散相对较快，地基土会较快进入次固结阶段；粘性地基土则相反，主固结时间相对较长，所以地基处理后，需要一定的时间让地基土充分固结稳定，再检测其特性，结果会更接近实际情况。实际工程中，若因工期需要提前检测，必须就间隔时间不够对检测结果的影响情况及其程度应有充分的估计，做出分析推断，如利用过程检测试验，建立砂石桩复合地基土参数-时间过程模型进行预测推断。

4.4.2 砂石桩复合地基承载力主要在于其本身的密实程度，抽取不少于总桩数的 2%进行动探试验普检。在此基础上选取不低于总桩数的 1%、每个单体工程不少于 3 个点做单桩复合地基载荷试验，既考虑了抽样的有效性，也考虑了工期和成本问题。对于要求较高或处理厚度变化较大的砂石桩处理地基，宜做多桩复合地基载荷试验的要求，其目的是要检测砂石桩与桩间地基土共同作用下的加固处理效果。

4.5 水泥粉煤灰碎石桩（含素混凝土桩）地基

4.5.1 CFG 桩是具有粘结性的桩体，施工后其本身需要时间凝固，地基处理施工后需要一定的时间使桩体凝结，根据试验，需要 15 天左右。

4.5.2 CFG 桩复合地基承载力主要在于桩体本身的抗压强度，采用沉管成孔，水泥粉煤灰碎石混合料贯入孔内振实或夯实后拔管时，管的上拔带动作用容易使尚未凝结的水泥粉煤灰碎石桩体"断裂"；长螺旋钻进成孔后，灌入水泥粉煤灰碎石混合料及夯实过程中，孔周土体容易塌落或者掉落，混入水泥粉煤灰碎石混合料中，夯实后的桩体中会出现夹泥现象，CFG 桩也会出现断桩。因此，使用沉管、长螺旋钻孔工艺灌注施工的 CFG 桩需要抽取一定比例的桩进行完整性检测。完整性检测和载荷试验抽取的比例同时考虑了统计学抽样的要求、施工质量控制的难易程度、工期及成本等因素。

4.6 夯实水泥土桩地基

4.6.1 夯实水泥土桩是具有粘结性的桩体，地基处理施工后需要一定的时间让桩体凝结，一般需要 15 天左右。

4.6.2 桩体质量的动力触探试验和载荷试验抽取的比例同时考虑了统计学抽样的要求、施工质量控制的难易程度、工期及成本等因素。

4.7　水泥土搅拌桩地基

4.7.1　水泥土搅拌桩也是具有粘结性的桩体，地基处理竣工后需要一定的时间待桩体凝结。因处理施工时地基土含水量比夯实水泥土高，处理的原地基土工程性质也较差，水泥土搅拌桩达到一定强度或满足设计强度一般需要 28 天左右。

4.7.2　水泥土搅拌桩复合地基承载力主要来自水泥土桩本身和桩间土的承载力，因此规定既要进行单桩载荷试验，也要进行单桩复合地基载荷试验。试验点数的选取主要考虑了抽样检验理论的要求和减少工期与降低成本的实际情况。

4.8　高压喷射注浆地基

4.8.1　高压喷射注浆桩是具有粘结性的桩体，地基处理竣工后需要一定的时间待桩体凝固。因处理施工时地基土含水量较高，处理的原地基土工程性质也较差，高压喷射注浆桩达到一定强度或满足设计强度一般需要 28 天左右。

4.8.2　高压喷射注浆桩复合地基承载力主要来自水泥土桩本身和桩间土的承载力，因此既要进行单桩载荷试验，也要进行单桩复合地基载荷试验。试验点数的选取主要考虑了抽样检验理论的要求和减少工期与降低成本的实际情况。

4.9　水泥注浆地基

4.9.1　水泥注浆地基是具有粘结性的加固复合体，地基处理竣工后需要一定的时间待注浆水泥凝固，注浆体达到一定强度或满足设计强度一般需要 28 天左右。

4.9.2　水泥注浆地基的检测方法和抽样比例的规定，参考了强夯地基和换填地基的检测情况。

5 基桩检测

5.1 沉管灌注桩

5.1.1 基桩工程事故中，有相当部分是由桩身存在严重的质量缺陷造成的，故合理选取工程桩进行完整性检测，评定工程桩质量是十分重要的。单桩竖向承载力是桩土体系共同承担荷载的具体表现，是能否达到设计要求的判断依据。

5.1.2 由于沉管灌注桩桩身质量不易保证，单桩静载试验的检测数量有限，因此应先进行桩的完整性检测，对桩的完整性进行普查，再根据桩的完整性检测结果选择有代表性的点进行单桩静载荷试验。这样的检测程序有利于控制整个工程的施工质量。

5.2 载体桩

5.2.3 桩身完整性检测数量对试桩应全部检测，对工程桩应按比例进行。

5.2.4 竖向承载力检测的方法均采用慢速维持荷载法。在桩身混凝土强度达到设计要求的前提下，从成桩到开始检测的间歇时间，对于砂类土不应小于 10 d；对于粉土和粘性土，不应小于 15 d；对于淤泥或淤泥质土，不应小于 25 d。

5.3 钻孔、冲孔、旋挖成孔灌注桩

5.3.3 对大直径桩除采用低应变法外，还应采用超声波法检测一定比例的桩，以加强对机械成孔灌注桩桩身完整性的控制。

5.3.4 以基岩为持力层的端承桩，承载力较高，不利于静载荷

试验的开展；桩土体系中控制承载力的因素除完整性外，还有桩侧阻力、持力层力学指标和桩底沉渣厚度。

沉渣厚度指标：端承型桩不应大于 50 mm；摩擦型桩不应大于 100 mm；抗拔、抗水平力桩不应大于 200 mm。

5.4 干作业成孔桩（墩）

5.4.1 墩的传力方式与人工挖孔桩相似，其检测可参考人工挖孔桩的相应要求进行。

5.4.5 单桩竖向承载力检测：

1 岩石取样可以钻取、捡块或刻槽采取。一柱一桩时应全部检测。

2 超重型动力触探控制深度为孔底下 3 倍桩身直径或 5 m，以确定桩端下主要受力层无软弱夹层等不良地质现象，并根据触探结果选择相对较差的点进行载荷试验。

3 以卵石或基岩为人工挖孔桩持力层时，其单桩竖向荷载较大，开展静载荷试验的难度大、耗时长、费用高，故采用深层平板、岩基载荷试验或岩石饱和单轴抗压强度试验以确定持力层的力学指标。

4 当桩端无沉渣且有岩石单轴抗压强度标准值时，单桩极限端阻力标准值 q_{pk} 可参照（5.4.5）式确定：

$$q_{pk} = 2\psi_r \cdot f_{rk} \qquad (5.4.5)$$

式中 q_{pk}——单桩极限端阻力标准值（kPa）。

       f_{rk}——岩石单轴抗压强度标准值（kPa）。

       ψ_r——折减系数。根据岩石完整以及结构面的间距、宽度、产状和组合，由地方经验确定。无经验时，对完整岩体可取 0.5；对较完整岩体可取 0.2 ~ 0.5；对较破碎岩体可取 0.1 ~ 0.2。

5 岩基载荷试验中，可取极限荷载的 2/3 作为单桩极限端阻力标准值 q_{pk}。

5.5 预制桩

5.5.4 高应变检测时，应对桩头进行处理，使桩头平面水平；对有缺损的桩头，应进行恢复加强处理，不得直接测桩。

5.6 预应力管桩

5.6.5 承载力检测

1 对在单体工程内且在同一条件下的工程桩，抽检数可按相应条件的总桩数计算，不按单体工程的总桩数计算。

2 高应变试验不得在裁桩上进行，应选择桩头完整（有端头板且混凝土体无破损）、桩头水平的桩。

3 位于基岩特别是软质岩石上的预应力管桩，承载力会因岩石软化引起降低，故适当采用高应变或增加静载的试验数量进行控制。

5.7 钢桩

5.7.1 钢桩材质均匀，易于控制，只抽取一定桩数进行载荷试验即可。

6 基坑（边坡）工程检测

6.1 锚杆（索）抗拔试验

6.1.1 锚杆的基本试验用来确定锚杆是否有足够的承载力，并检验锚杆的设计和施工方法能否满足工程要求。新型锚杆或已有锚杆用于未曾用过的地层时，规定均应进行基本试验，只有用于有较多锚杆特性资料或锚固经验时，才可不做基本试验。

试验中，应保持试验设备对中，百分表支架应远离试验锚杆，以减小误差。

锚杆杆体的理论弹性伸长量由下式计算：

$$\Delta S = \frac{PL_f}{EA}$$

式中 P——荷载（N）；

L_f——自由段长度（mm）；

E——弹性模量（MPa）；

A——杆体截面面积（mm^2）；

ΔS——位移（mm）。

6.2 土钉拉拔试验

6.2.4 土钉极限抗拔力试验为设计提供设计参数，故需对土钉加载至破坏；土钉抗拔力试验主要是为了验证土钉能否保证正常使用条件下的抗拔力，土钉抗拔力试验不能进行破坏性试验，试验最大加载为土钉抗拔承载力设计值的1.1倍。

7 地基基础检测结果评价

7.1 基本要求

7.1.1 设计除了对地基基础承载力有要求外，对密实度、均匀性、压缩（变形）模量等参数有要求时，也应评价这些参数是否满足设计要求。在检测过程中发现地基基础存在问题时，应在检测报告中予以说明。

7.1.2 有些单体工程占地面积大，地质条件变化复杂，基础开挖深度不一，基础持力层也可能不一致，在满足抽样数量条件下分区评价会更有针对性，也才能真正对设计参数进行修正，指导施工。

7.2 处理地基评价

7.2.2 地基处理原因可能是承载力或变形不满足设计要求；对于粗（细）粒土地基，也可能是因为均匀性不满足要求。因此对处理后的地基可采用动力触探试验对换填、注浆、强夯等处理地基进行均匀性评定，动力触探试验击数应按《岩土工程勘察规范》GB 50021 附录 B 的要求进行修正，根据修正击数绘制其沿深度的变化曲线。

7.3 桩基评定

7.3.3 钻芯法是最直观、最准确的完整性检测方法，但这种方法也仅反映约 100 mm 直径大小桩基的质量情况。桩基处理前应尽量保证声测管不被破坏。声波透射法可改用钻芯法的前提是声测管被破坏。当桩基上钻有两个或两个以上的孔位时，仍然可以声波透射法对钻芯法进行补充。